BEI GRIN MACHT SICH IHR WISSEN BEZAHLT

- Wir veröffentlichen Ihre Hausarbeit,
  Bachelor- und Masterarbeit

- Ihr eigenes eBook und Buch -
  weltweit in allen wichtigen Shops

- Verdienen Sie an jedem Verkauf

Jetzt bei www.GRIN.com hochladen
und kostenlos publizieren

Bibliografische Information der Deutschen Nationalbibliothek:

Die Deutsche Bibliothek verzeichnet diese Publikation in der Deutschen National-
bibliografie; detaillierte bibliografische Daten sind im Internet über http://dnb.d-
nb.de/ abrufbar.

Impressum:

Copyright © 2013 GRIN Verlag, Open Publishing GmbH
Druck und Bindung: Books on Demand GmbH, Norderstedt Germany
ISBN: 9783668310780

Dieses Buch bei GRIN:

http://www.grin.com/de/e-book/341416/der-wasserkreislauf-die-grundgleichung-
des-wasserhaushaltes

Loisa Welfers

Der Wasserkreislauf. Die Grundgleichung des Wasserhaushaltes

GRIN Verlag

11.03.2013

RWTH Aachen
Geographisches Institut
Grundseminar Physische Geographie (C)
Sommersemester 2013
Hausarbeit

Der Wasserkreislauf
Die Grundgleichung des Wasserhaushaltes

Loisa Welfers   e

2. Semester
Angewandte Geographie

Inhaltsverzeichnis

1 Einleitung..1

2 Hydrologie...2

2.1 Entstehung des Wassers...2

2.2 Wasservorkommen der Erde...3

3 Der Wasserkreislauf..5

3.1 Globaler Wasserkreislauf..5

3.2 Lokaler Wasserkreislauf..7

4 Der Wasserhaushalt...9

4.1 Allgemeine Wasserhaushaltsgleichung - Die

Wasserbilanz...9

5 Anwendungsbeispiel Deutschland- Lokale Wasserbilanz..11

6 Zusammenfassung...14

7 Literaturverzeichnis..15

1 Einleitung

Wasser ist ein wesentliches Element der Erde, welches Leben erst ermöglicht . Wir alle nutzen es täglich als Trinkwasser, zum Kochen oder zum Waschen. Meere und Seen sind Erholungsgebiete und werden in Transportsysteme eingebunden. Jedoch ist Wasser auch grundlegendes Element unseres Ökosystems.

F. Pfaff: „ Den Lauf des Wassers von den Bergen zu den Tälern, von dem Lande zum Meere sehen wir unaufhörlich vor unseren Augen sich vollziehen, und dennoch wird das Meer nicht voller und die Quellen und Ströme versiegen nicht." (zit. in Wilhelm 1997³:13)

Doch wieso „wird das Meer nicht voller" und wieso „versiegen die Quellen und Ströme nicht"?

Mit genau dieser Frage beschäftigt sich die folgende Hausarbeit.
Zunächst wird auf die allgemeine Hydrologie und die Wasservorkommen auf der Erde eingegangen. Darauf aufbauend wird das System des Wasserkreislaufes erklärt und die Unterschiede zwischen dem globalen und lokalen Wasserkreislauf werden verdeutlicht. Anschließend folgt der Bezug zum Wasserhaushalt, welcher anhand der Wasserbilanz noch einmal die Kompaktheit des Wassersystems demonstriert. Zum besseren Verständnis folgt nach der Erklärung des Wasserkreislaufsystems der Bezug auf Deutschland als Fallbeispiel.

2 Hydrologie

Im Normalfall tritt Wasser in flüssigem, gasförmigem und festem Zustand nahe der Erdoberfläche auf. In der Erdkruste kommt es als Kristallwasser vor, während es in der Atmosphäre frei beweglich ist und grundlegend für den Aufbau organischer Substanzen verantwortlich ist. Wasser ist eine farb- und geruchlose Flüssigkeit, die bei 0°C zu Eis erstarrt und bei 100°C siedet. Es ist die chemische Verbindung der Elemente Wasserstoff und Sauerstoff und ist die einzige, die als Gas, Flüssigkeit und Festkörper auf der Erde vorkommt. Von Wasser spricht man, wenn sich die Verbindung in flüssigem Aggregatzustand befindet.

Wasser ist das wichtigste Lösungsmittel der Erde. Ohne diese chemische Verbindung wären Stofftransporte nicht möglich. Außerdem wäre ohne Wasser der Temperaturausgleich zwischen den Äquatorial- und Polargebieten unmöglich (Wilhelm 1997[3]:7).

2.1 Entstehung des Wassers

Vor ca. 4 Milliarden Jahren konnte sich aufrgrund der starken Abkühlung der Erde eine feste Erdkruste bilden. Die Temperatur war so stark gesunken, dass die Gase der Atmosphäre sich niederschlugen und der Wasserdampf kondensierte und zum ersten Mal flüssiges Wasser, als Regen, auf die Erde traf. Über mehrere 100 Jahre soll es einen Dauerregen gegeben haben, durch den die ersten Flüsse und Meere entstanden. Hier begann auch der Wasserkreislauf, den wir heute noch auf der Erde haben.
Durch den Dauerregen wurden Mineralien aus den Gesteinen gewaschen, die zusammen mit den Mineralsalzen der Exhalationen der Vulkane über viele Milliarden Jahre angereichert wurden, sodass heute der Salzgehalt der Meere bei 3,3 - 3,7% liegt (Wechmann 1964:21-22, Wilhelm 1997[3]:10-11).

Zwei Arten von Wasser werden unterschieden: Das juvenile Wasser, ist das ganze frei bewegliche Wasser der Erde, welches aufgrund vulkanischer Tätigkeit aus dem Erdinneren an die Erdoberfläche gelangte. Dieses Wasser hat noch nicht am irdischen

Wasserkreislauf teilgenommen. Juveniles gibt es in Meeren, Seen und Flüssen. Vadoses Wasser hingegen, sind Niederschläge aus der Atmosphäre, die bereits am Wasserkreislauf teilgenommen haben (Wilhelm 1997[3]:10-11, Hölting 1996[5]:14).

2.2 Wasservorkommen der Erde

Die gesamte Wassermenge der Erde beträgt ca. 1.64 Milliarden km³. 0.25 Milliarden km³ der Gesamtwassermenge sind in der Gesteinsrinde chemisch gebunden. Mit ca. 1,386 Milliarden km³ nimmt der Anteil des frei beweglichen Wassers einen großen Anteil der Gesamtwassermenge ein.

361,2 Millionen km² der Erdoberfläche sind vom Meer bedeckt. Bei einer Größe der Erdoberfläche von 510,1 Millionen km² sind dies 70,8% Meeresfläche (Abbildung 1). Das bedeutet, nur 29,2% sind Landfläche. Die Meere fassen den größten Anteil der Wassermenge, 81,6% der gesamten Wassermenge (Abbildung 2) und sogar 97,5% des beweglichen Wassers. Das Festland und die Atmosphäre hingegen fassen nur 2,5%
d

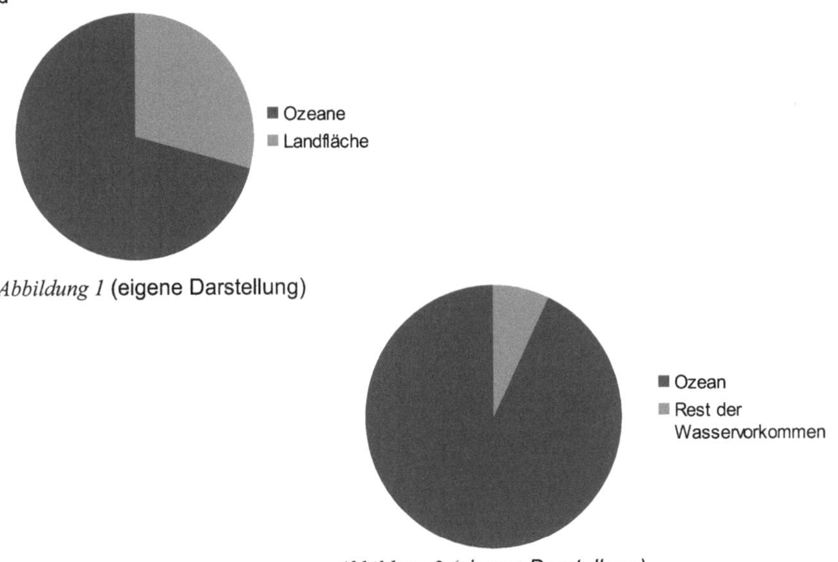

Abbildung 1 (eigene Darstellung)

Abbildung 2 (eigene Darstellung)

97,5% des gesamten beweglichen Wassers ist Salzwasser, nur 2,5% sind Süßwassermengen (Abbildung 3). Die größten Süßwasserspeicher sind das Eis der Gletscher (69,5%) und das unterirdische Süßwasser (30,1%).

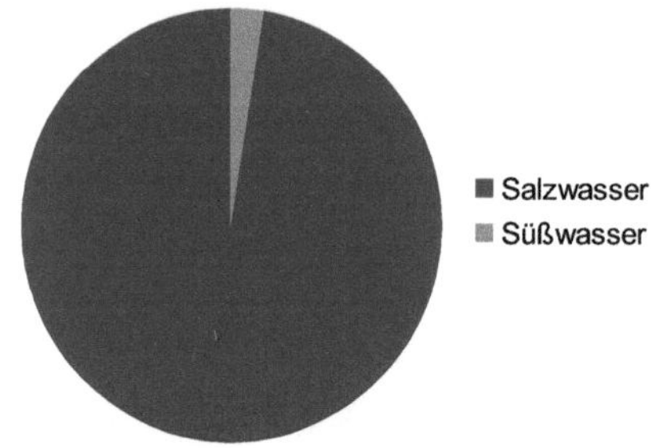

Abbildung 3 (eigene Darstellung)

Obwohl die Atmosphäre nur 12 900 km³ Wasser enthält, wird über diesen Speicher das jährliche Gesamtvolumen von 496 100 km³ des Wasserkreislaufs umgesetzt. Das bedeutet, dass der Wasserspeicher alle 9-10 Tage, durch Verdunstung und Kondensation, ausgewechselt werden muss, dieser Vorgang fordert großen Energieaufwand.

Die ungesättigte Zone über dem Grund- und Kluftwasser ist sehr bedeutsam für die Pflanzenernährung und für die Filtrierung des Niederschlagwassers.
Die gesamte Grundwassererneuerung fließt durch dieses Stockwerk (Wilhelm 1997[3]:11-12, Coldewey/ Hölting 2009[7]:5-8).

3 Der Wasserkreislauf

Der Kreislauf des Wassers beschreibt den Weg des Wassers in Abhängigkeit von Niederschlag, Verdunstung und Abfluss im Zusammenhang mit den Wasserspeichern der Erde. Feuchtigkeit, die von Luftmassen transportiert wird fällt als Niederschlag auf die Erdoberfläche. Ein Teil der Niederschläge verdunstet (Transpiration und Evaporation) und ein Teil fließt ab. Nach Auffüllung der Wasserspeicher, kann das Grundwasser an Quellen wieder heraustreten (Abbildung 4).Global betrachtet ist der Wasserkreislauf eine geschlossene Zirkulation des Wassers. Werden hingegen nur Teilräume (lokal) beobachtet, spricht man von offenen Systemen (Hölting 1996[5]:15, Gebhardt et al. 2011[2]:570).

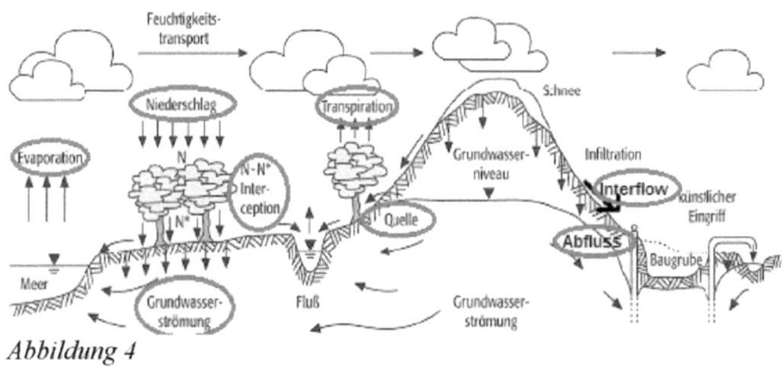

Abbildung 4

(GeoDZ:o.A., bearbeitet)

3.1 Globaler Wasserkreislauf

Der Wasserkreislauf zwischen den Wasserspeichern der Ozeane, der Atmosphäre und der Landoberfläche wird als globaler Wasserkreislauf („großer Wasserkreislauf") bezeichnet.

Um die globale Wasserzirkulation nachvollziehen zu können, müssen die oben genannten Komponenten Niederschlag, Verdunstung und Abfluss differenziert werden:

Niederschlag beschreibt Wasser in seinen unterschiedlichen Aggregatzuständen. Somit kann Niederschlag z.B. in Form von Regen, Hagel und Schnee auf die Erde treffen. Der atmosphärische Feuchtetransport (Abbildung 5) beschreibt den Prozess der Wolkenbildung, bei dem Wasser horizontal über viele Kilometer zurücklegen kann, bis es als Niederschlag auf die Erde fällt.

Die Verdunstung ist der Übergang des Wassers (unterhalb des Siedepunktes) vom flüssigen in den gasförmigen Zustand. Verdunstung muss unterschieden werden in Transpiration, die die Verdunstung der Pflanzen darstellt und Evaporation, die die Verdunstung am Boden, von offenen Wasseroberflächen und der Pflanzenoberfläche beschreibt. Die Interzeption beschreibt den Teil des Niederschlags, der im Blätterdach der Vegetation vorübergehend gespeichert wird und dort verdunstet und den Teil, der durch das Blätterdach tropft und am Stamm abfließt. Grundsätzlich ist die Verdunstungsrate über dem Meer höher als die Niederschlagsrate (Abbildung 4).

Der Abfluss wird unterteilt in den oberirdischen und unterirdischen Abfluss. Grundlegend für diese Unterteilung ist die Infiltration (Eigenschaft des Bodens Wasser aufzunehmen). Kann Wasser auf einer geneigten Oberfläche nicht in den Boden eindringen, da er z.B. wassergesättigt ist, kommt es zum Abfluss auf der Geländeoberfläche (Oberflächenabfluss). Sickert das Wasser in den Boden ein, füllt es Hohlräume und Poren im Boden. Dort kann es im sogenannten „Interflow" direkt unter der Erdoberfläche abfließen oder es versickert bis zur stauenden Schicht ins Grundwasser, wo es zum unterirdischen Abfluss in Richtung der Schwerkraft kommt (Abbildung 4) (Universität Oldenburg:2006, Gebhardt et al. 2011[2]:573,575, Häckel 1999[4]:81, Freie Universität Berlin:2006).

Für die Verdunstung des Wassers über Meeres- und Landflächen müssen erhebliche Energiemengen aufgebracht werden. Diese Energie wird als latente Wärme vom Wasserdampf in der Luft gespeichert. Steigt die Luft auf, kühlt ab und das enthaltende Wasser kondensiert, wird die Energie wieder frei gegeben. (atmosphärischer Feuchtetransport (Abbildung 5). Wasser kann über weite Strecken, während der Wolkenbildung bis zum Land transportiert werden und dort als Niederschlag (Regen, Schnee, Hagel) auf die Landflächen fallen, oder direkt über dem Meer wieder kondensieren. Der atmosphärische Feuchtetransport vom Meer zum Land und der Abfluss von Wasser der Landfläche ins Meer schließen das globale Wassersystem (Abbildung 5) (Freie Universität Berlin:2006, Ahnert 2009:136-137, Gebhardt et al. 2011²:570-571).

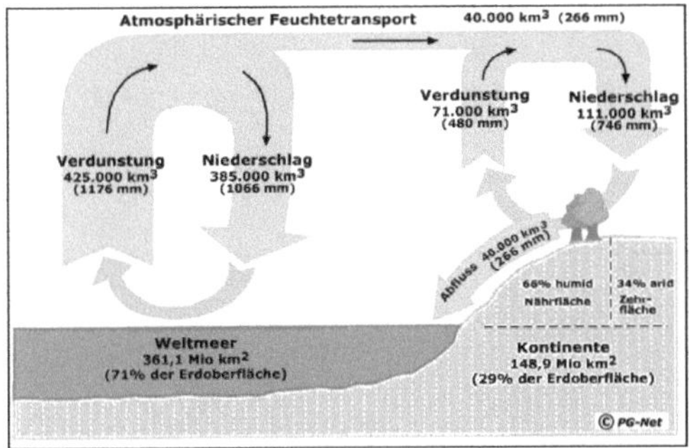

Abbildung 5   (Freie Universität Berlin:2006)

3.2 Lokaler Wasserkreislauf

Der lokale Wasserkreislauf, auch „kleiner Wasserkreislauf" genannt, beschreibt nur ein Teilsystem der globalen Wasserzirkulation (Abbildung 6). Da hier lediglich auf den einfachen Wasserkreislauf eingegangen wird und die horizontale Wasserzirkulation nur geringfügig von Bedeutung ist, handelt es sich um ein offenes System. Dies hat zur Folge, dass Abflüsse und atmosphärischer Feuchtetransport aus dem beobachteten Gebiet nicht berücksichtigt werden. In Abbildung 6 und 7 ist das Beispiel des Landflächenwasserkreislaufs, als Teilsystem der globalen Wasserzirkulation gewählt. Hier wird die Verbindung zum Meer außer Acht gelassen. Auf der Erdoberfläche angelangt, kann der Niederschlag unterschiedlich lange in oberirdischen oder unterirdischen Speichern ruhen. Er wird dann über Flüsse ins Meer transportiert (globales System) und verdunstet dort oder der Niederschlag verdunstet an der Erdoberfläche und gelangt wieder in die Atmosphäre. Oberirdische Speicher sind Gletscher, Flüsse, Seen und Meere, während Boden und Gestein die unterirdischen Speicher bilden.

Humide und aride Gebiete weisen unterschiedliche Speichereigenschaften auf. In ariden Gebieten fällt wenig Niederschlag und es fehlt der Abfluss zum Meer, in diesen Gebieten kann eine hohe Verdunstungsrate nachgewiesen werden. In humiden Gebieten hingegen ist der Niederschlag deutlich höher als die Verdunstung. Überschüssiges Wasser wird in Form von Oberflächen- und Grundwasserabfluss zum Meer abtransportiert. Von 149 Millionen km² Festlandfläche sind 34% arid und 66% humid (Abbildung 6) (Gebhardt et al. 2011²:570-571, Wilhelm 1997³:13,155-156, Freie Universität Berlin:2006).

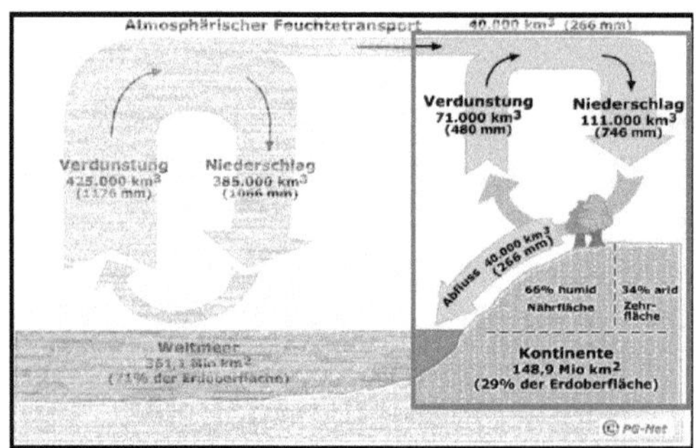

Abbildung 6
(Freie Universität Berlin:2006, bearbeitet)

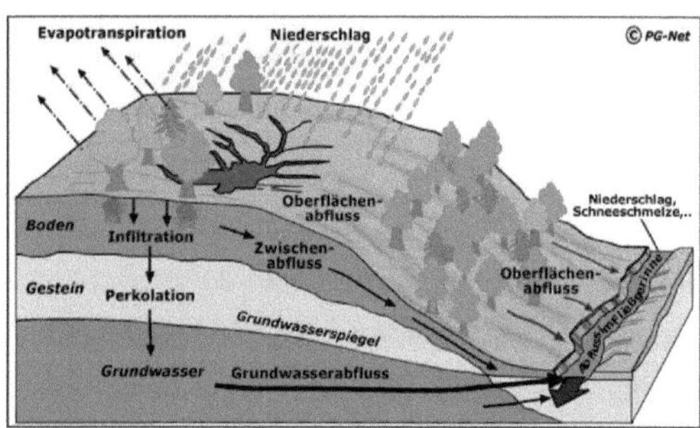

Abbildung 7 (Freie Universität Berlin:2006)

4 Der Wasserhaushalt

Grundsätzlich stellt der Wasserhaushalt, anhand von Zahlen, den Wasseraustausch zwischen den irdischen Speichern in einem bestimmten Gebiet (lokal, z.B. einzelne Flussgebiete) oder global dar. Jedoch wird auch der Ausgleich zwischen Input-Größen und Output-Größen mit einbezogen (Wilhelm 1997[3]:13, Ahnert 2009[4]:135, Wechmann 1964:431).

4.1 Allgemeine Wasserhaushaltsgleichung -Die Wasserbilanz

"Der gegenwärtige Zustand der Verteilung des Wassers in einem betrachteten Gebiet , das heißt der vorhandenen Wassermengen in den verschiedenen irdischen Speichern(Meere, Gletscher, Seen usw.)" *(Ahnert 2009[4]:135).*

Der globale Gesamtniederschlag setzt sich zusammen aus dem Niederschlag über den Meeresflächen und aus dem Niederschlag über den Landflächen:

$N_G = N_M + N_L$

$N_G \rightarrow$ Gesamtniederschlag

$N_M \rightarrow$ Niederschlag über Meeresfläche

$N_L \rightarrow$ Niederschlag über Landfläche

Die hydrologische Grundgleichung beinhaltet den Niederschlag (N), den Abfluss (A) und die Verdunstung (V). **N = V + A**

Davon ausgehend, dass langfristig die Verdunstungsmenge und die Abflussmenge gleich der Niederschlagsmenge sind, da der globale Wasserkreislauf ein geschlossenes System ist und es kein Abfluss aus dem System gibt, gilt: **N = V**

N $\rightarrow$ Niederschlag, V $\rightarrow$ Verdunstung

Für eine differenziertere Betrachtung werden die in 3.2 genannten Wasserspeicher mit in die Gleichung einbezogen:

N= A + V + ΔS

An der folgenden Abbildung lässt sich belegen, dass der globale Wasserkreislauf ein geschlossenes System ist, in dem der Wasserbestand gleich bleibt und die „Einnahmen" und „Ausgaben" des Wassers eine globale Wasserbilanz bilden. Rot gekennzeichnet sind die „Einnahmen" und blau gekennzeichnet die „Ausgaben" des Wassers.

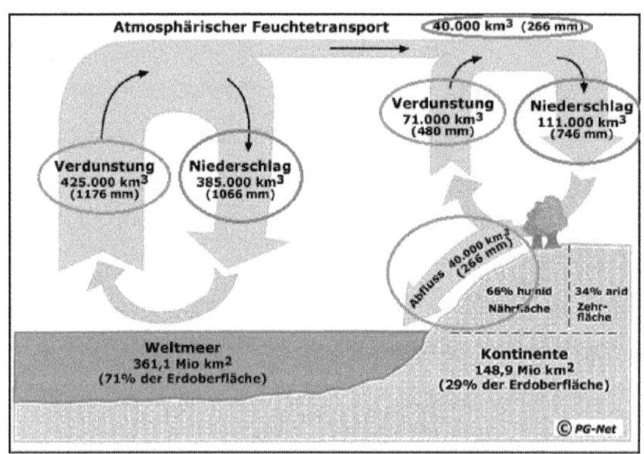

Abbildung 8

(Freie Universität Berlin:2006, bearbeitet)

385.000 km³+40.000 km³+111.000 km³ = 425.000 km³+40.000 km³+71.000 km³

Die Wasserhaushaltsgleichung beschreibt demnach die Verteilung des Wassers im gesamten hydrologischen System, die seit ca. 2 Milliarden Jahren relativ beständig ist (Wilhelm 1997[3]:13, Freie Universität Berlin:2006, Baumgartner/Reichel 1975:15-16, Universität Oldenburg:2006).

5 Anwendungsbeispiel Deutschland- lokale Wasserbilanz

Das Klima, die Beschaffenheit des Bodens und die Vegetation sind neben dem Niederschlag die entscheidenden Größen der Wasserbilanz. Auch anthropogene Einflüsse in den Wasserhaushalt sind prägend. Dies und die in den vorherigen Kapiteln genannten Größen der Wasserhaushaltsgleichung sollen im folgenden Beispiel erklärt werden.

Betrachtet man die <u>langjährige Wasserbilanz</u> Deutschlands erkennt man, dass verschiedene Input- und Output-Größen beachtet werden müssen.

Es ergibt sich die differenzierte Gleichung: **$N + Z + GwZ = V + A + \Delta S + GwA$**

Input-Größen: (rot gekennzeichnet in Abbildung 8)

$N \rightarrow$ Niederschlag

$Z \rightarrow$ Oberflächenzustrom

$GwZ \rightarrow$ Grundwasserzustrom (Oberlieger)

Output-Größen: (blau gekennzeichnet in Abbildung 8)

$A \rightarrow$ Abflussmenge

$V \rightarrow$ Verdunstung

$\Delta S \rightarrow$ Wasserspeicher

$GwA \rightarrow$ Grundwasserabstrom (Unterlieger)

Die „Wassereinnahmen" (Input-Größen) setzten sich zusammen aus dem Niederschlag, der mit 859mm im Jahr die Haupteinnahmequelle stellt, dem Zufluss von 199mm aus Oberliegern der Schweiz, Österreich und Tschechien und dem Grundwasserzustrom von 1mm.

Mit 532mm ist die Verdunstung aus dem Niederschlag die größte Output-Größe in Deutschland. 11mm verdunsten aus oberirdischen Wasserspeichern. Durch anthropogene Einflüsse, wie z.B. Industrie, Gewerbe und Landwirtschaft verdunsten 11mm Wasser. Der oberirdische Abfluss zum Meer und zu den Unterliegern beträgt 495mm. 10mm Wasser fließen als Grundwasserabstrom zum Meer. Ergebnis ist eine ausgeglichene Wasserbilanz, da in Deutschland 1059 mm Wasser durch Inputgrößen zu Verfügung stehen und 1059 mm Wasser verdunsten bzw. abfließen.

$$859\text{mm} + 199\text{mm} + 1\text{mm} = 532\text{mm} + 495\text{mm} + 11\text{mm} + 11\text{mm} + 10\text{mm}$$

Diese Annahme stimmt jedoch nur für größere Zeitspannen, da sich z.B die Speicherkapazitäten der verschiedenen Wasserspeicher während eines Jahres ändern. Im Winter hat an Skigebiet beispielsweise eine negative und im Sommer eine positive Wasserbilanz. Dies folgt daraus, dass die Schneedecke im Winter als Wasserspeicher gebildet wird, die im Sommer nicht vorhanden ist. Werden kürzere Zeiträume erfasst, müssen diese Speicheränderungen mit einbezogen werden (Abbildung 9).

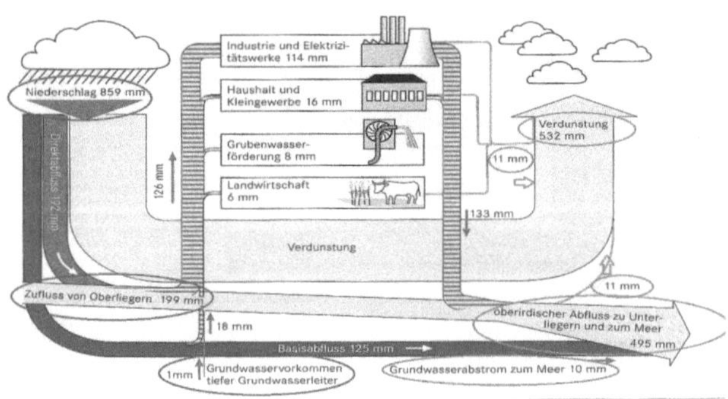

Abbildung 9

(verändert nach Gebhardt et al. 2011[2]:572)

Diese Abbildung zeigt nur die mittleren Verhältnisse der Bundesrepublik Deutschland. Die Input- und Output-Größen können in anderen Landschaften stark variieren.

Wenn bei sinkenden Niederschlägen der Wasserverbrauch gleich bleibt, dann kann lokal gesehen die Wasserbilanz negativ sein (Gebhardt et al.2011[2]:571-573, Häckel 1999[4]:142-143).

Deutschland hat ein Wasserdargebot von 188 Milliarden m³ Wasser im Jahr und ist somit ein wasserreiches Land. Das Wasserdargebot beschreibt die verfügbare Menge an Süßwasser aus dem natürlichen Wasserkreislauf. Die gesamte Wasserentnahme beläuft sich auf ca. 41 Milliarden m³ im Jahr, die nach dem Gebrauch im wesentlichen dem Wasserkreislauf wieder zugeführt wird. Somit werden 141 Milliarden m³ des verfügbaren Wassers nicht genutzt. Diese Tatsache ist jedoch sehr positiv, da die Entnahme von Wasser an anderer Stelle Auswirkungen auf den Wasserbestand für Tiere und Pflanzen haben kann. Wird dem hydrologischen Wasserkreislauf zu viel Trinkwasser entnommen, kann dies zur Absenkung des Grundwasserspiegels führen und das wiederum dazu, dass Tieren und Pflanzen diese Wasserversorgung fehlt und sie aussterben. In Deutschland kann man diese Auswirkungen in den Gebieten des Braunkohlentagebaus beobachten. In Folge der Grundwasserabsenkung trocknen Feuchtgebiete aus, wodurch sich Flora und Faune negativ verändern. Hier gegen gibt es groß angelegte Ersatzwasserprogramme (z.B. Einspeisung in Bäche/ Grundwasseranreicherung). Damit langfristig diese anthropogenen Einflüsse und deren Auswirkungen gering gehalten werden und die Ausschöpfung der Wasserressourcen vermieden wird gibt es verschiedene Grundwasser-Schutzprogramme (Universität Oldenburg:2006, Umweltbundesamt:2010).

6 Zusammenfassung

Doch wieso „wird das Meer nicht voller" und wieso „versiegen die Quellen und Ströme nicht"?

In dieser Hausarbeit wurde aufgezeigt, dass das Wasser auf der Erde in lokalen Kreisläufen bzw. in einem globalen Kreislauf, in Abhängigkeit von den Komponenten Niederschlag, Verdunstung und Abfluss, zirkuliert. Die Wassermenge im globalen System bleibt immer gleich, jedoch kann die Verteilung auf die verschiedenen Wasserspeicher zu unterschiedlichen Betrachtungszeiten variieren.

Der Wasserhaushalt der Erde wurde als Bilanz der Input- und Outputgrößen des Wassers beschrieben. Als Teilkreislauf des globalen Wasserkreislaufes wurde das Anwendungsbeispiel Deutschland gewählt. Anhand von Zahlen wurde die Wasserbilanzgleichung erläutert.

Das Wasser auf unserem Planeten zirkuliert also in einem geschlossenen System und der Wasserbestand in diesem System bleibt immer gleich. Die Nutzung des Wassers durch die Menschen stellt nur eine Art Station dar, aus der das Wasser nach der Nutzung wieder frei gegeben wird (z.B. durch Verdunstung). Deshalb spricht man eher von einer „Wassernutzung" als vom „Wasserverbrauch". Da also kein Wasser aus dem System entweichen kann und durch den Niederschlag die Wassermenge nicht steigt „wird das Meer nicht voller" und „Quelle und Ströme versiegen nicht".

Literaturverzeichnis

Ahnert, F.(2009[4]):Einführung in die Geomorphologie.Stuttgart:Eugen Ulmer KG.
Baumgartner, A./Reichel, E.(Hrsg.)(1975):Die
Weltwasserbilanz.München:Oldenbourg Verlag GmbH.

Coldewey, W., Hölting B.(Hrsg.)(2009[7]):Hydrogeologie.Stuttgart:Spektrum.

Freie Universität Berlin(2006):Der Wasserkreislauf und seine Komponenten.
<http://www.geo.fu-berlin.de/fb/e-learning/pg-
net/themenbereiche/hydrogeographie/wasserkreislauf/index.html>abgerufen am
05.03.2013.

Freie Universität Berlin(2006):Wasserhaushalt und -bilanz.
<http://www.geo.fu-berlin.de/fb/e-learning/pg-
net/themenbereiche/hydrogeographie/wasserhaushalt_wasserbilanz/index.html>
abgerufen am 05.03.2013.

Gebhardt, H./Glaser, G./Radtke, U./Reuer, P.(Hrsg.)(2011[2]):
Geographie, Physische Geographie und
Humangeographie.Heidelberg:Spektrum.

GeoDZ(o.A.):GeoLexikon-Wasserkreislauf.
<http://www.geodz.com/deu/d/Wasserkreislauf>abgerufen am 05.03.2013.

Häckel, H.(1999[4]):Meteorologie.Stuttgart:Eugen Ulmer GmbH & Co..

Hölting, B.(1996[5]):Hydrogeologie.Stuttgart:Ferdinand Enke Verlag.

Kreus, A./ Von der Ruhren N.(Hrsg.)(2008):Fundamente Geographie
Oberstufe.Stuttgart:Klett.

Umweltbundesamt(2010):Wasserwirtschaft in Deutschland Teil 1.

<http://www.umweltdaten.de/publikationen/fpdf-l/3469.pdf>abgerufen am 10.03.2013.

Universität Oldenburg(2006):Der Wasserkreislauf.

<http://www.hydrologie.uni-oldenburg.de/ein-bit/11829.html>abgerufen am 05.03.2013.

Universität Oldenburg(2006):Die Wasserbilanz.

<http://www.hydrologie.uni-oldenburg.de/ein-bit/11990.html>abgerufen am 10.03.2013.

Wilhelm, F.(1997³):Hydrogeographie.Braunschweig:Westermann.

Wechmann, A.(1964):Hydrologie.Berlin:Verlag für Bauwesen.